Für Julie, Eszter und Benoist.

J.-B. de Panafieu

Die französische Originalausgabe erschien erstmals 2006 unter dem Titel »Les couleurs dans la nature« bei Éditions Milan.
www.editionsmilan.com
Printed in China

Aus dem Französischen von Anne Brauner

Anschrift: Postfach 10 03 25, 73703 Esslingen
www.esslinger-verlag.de

Jean-Baptiste de Panafieu

DIE FARBEN DER NATUR

esslinger

Wie sähe wohl eine Welt mit rotem Gras und schneeweißen Tieren aus? Oder eine Erde, auf de alle Tiere blau wären und die Menschen einen leuch tenden Hahnenkamm und grüne Haut hätten …

Allein die Vielfalt der natürlichen Farben macht Tausende von Möglichkeiten vorstellbar. Die heutigen Pflanzen und Tiere sind das vorläufige Ergebnis von hunderttausenden Jahren Evolution. Die Blumen, Vögel, Fische und Insekten haben alle Farbschattierungen hervorgebracht, die das Auge erkennen kann – vom strahlenden Weiß bis zum abgrundtie dunklen Schwarz. Die Regenbogenfarben dazwischen bilden eine lebensnotwendige Farbpalette.

Tatsächlich liegt in diesem Farbwunder ein tieferer Sinn. So ha jede Farbe mindestens eine bedeutende Funktion. Die Farbpigmente sammeln das Licht, schützen die Haut, transpor tieren Sauerstoff, signalisieren Gefahr, locken Fortpflanzungs partner an und können sogar unsichtbar machen! Sie sind so nützlich, dass vor allem Pflanzen und Tiere sie zu ihrem Vortei nutzen.

Wie andere Lebewesen, so können auch wir Menschen die Farben unserer Umwelt unterscheiden. Wir sollten aber auch versuchen, sie zu verstehen und staunend zu bewundern.

INHALT

ROT

GIFTROT

Wenn sich ein Insekt in leuchtenden Farben zur Schau stellt, besteht die Gefahr, dass es rasch von einem Fressfeind entdeckt wird. Doch das ist nicht immer gefährlich!

Einige Tiere zeigen lebhafte Farben in starken Kontrasten, beispielsweise schwarz-rot oder schwarz-gelb. Da sie so gut zu sehen sind, könnten sie leicht erbeutet werden. Aber die anderen Tiere sind auf der Hut, denn diese Farben sind in Wirklichkeit eine deutliche Warnung. Meistens schmecken diese Tiere nämlich sehr scharf oder sauer. Oft sind sie sogar giftig. Nachdem ein Tier zum ersten Mal ein rotes Tier gefressen hat, wird es diese in Zukunft meiden. Also werden zwar immer wieder einige der farbenprächtigen Tiere gefressen, aber der Arterhalt als solcher ist gesichert. Die Wirkung dieses Warnsignals erhöht sich noch dadurch, dass viele verschiedene Tierarten diese Warnfarben nutzen.

Marienkäfer sind harmlos, schmecken aber gar nicht gut.

Die Streifenwanze oder Graphosoma produziert ein widerliches Sekret. Ein unerfahrener Vogel frisst vielleicht eine davon, doch niemals zwei.

Unter der Haut des Erdbeerfröschchens aus Mittelamerika verbirgt sich ein starkes Gift. Je nach Lebensraum sind die Pfeilgiftfrösche rot, gelb oder blau. Sie sind immer auffällig gefärbt.

KÖSTLICH ROT

Die Früchte sind rot und somit reif geworden und viele Tiere haben gelernt, dies zu sehen – ein doppelter Fortschritt in der Entwicklung, von der alle profitieren.

Wenn ein Tier eine Frucht frisst, scheidet es die Samen häufig wieder aus. Da dies in der Regel in einiger Entfernung von dem Baum geschieht, von dem die Frucht stammt, kann sich die Pflanze auf neuem Gelände verbreiten. Dazu kommt, dass die Schale des Samenkorns bei der Ausscheidung zerbrechlicher wird und so leichter keimt. Viele Pflanzen können sich also nur dann verbreiten, wenn sie von Tieren gefressen werden. Deshalb enthalten die Schalen vieler Früchte rote, blaue oder gelbe Pigmente, mit denen die Tiere angelockt werden.

▲ *Johannisbeeren locken so viele Vögel an, dass die Sträucher bis zur Reife mit Netzen geschützt werden müssen.*

Der Seefahrer Amédée Frézier brachte im 18. Jahrhundert die Erdbeeren aus Chile mit. ◄

Der Tukan pflückt mit dem Schnabel eine Frucht und verschlingt sie. Später spuckt er den Kern aus, der keimen kann, wenn er auf fruchtbaren Boden fällt.

▲ Der Indische Koel ernährt sich von Obst. Im Gegensatz zu vielen anderen Tieren können Vögel sehr gut verschiedene Farben erkennen.

Die Früchte für den Obstanbau, hier Kirschen der Marke »Taubenherz«, werden seit Jahrhunderten sorgfältig ausgewählt, damit sie möglichst groß, süß, rot und lecker aussehen. ▼

ZUM SCHUTZ

Manchmal sind grüne Pflanzen rot – und das nicht nur im Herbst! Das liegt an den roten Pigmenten, die von ihren Blättern erzeugt werden.

Da die roten Pigmente die grüne Farbe des Chlorophylls verdecken, leuchten die Blätter dunkelrot. Diese Pigmente sind jedoch nicht nur für die Farbgebung der Blätter zuständig. Vor allem schützen sie die Zellen gegen alle möglichen Angreifer. Sie filtern das Sonnenlicht und zögern auf diese Weise die Zersetzung des Chlorophylls durch ultraviolette Strahlen hinaus. Pigmente schützen auch Küstenpflanzen gegen das giftige Salz. Ihre schützende Kraft erstreckt sich auch auf die Schadstoffe, die von der Pflanze selbst ausgestoßen werden. Übrigens würden die Biologen mit Hilfe dieser Pigmente gerne einen Wirkstoff herstellen, mit dem die Hautalterung des Menschen aufgehalten werden könnte. Das ist jedoch bisher noch nicht gelungen.

Das Blattwerk dieser Unterart des Japanischen Ahorns ist von Natur aus rot. Junge Blätter weisen oft mehr rote Pigmente auf als ältere, weil sie empfindlicher und schutzbedürftiger sind. ▶

BLUTROT

Rot, die Farbe des Blutes, symbolisiert Lebenskraft und Energie. Auch Tiere setzen auf Rot, wenn sie einen Angreifer in die Flucht schlagen oder einen Artgenossen zur Fortpflanzung locken wollen.

Die Farbe des Blutes wird von dem Pigment Hämoglobin verursacht. Dessen Hauptaufgabe besteht darin, Sauerstoff aus den Lungen zu den anderen Organen zu bringen. Die roten Blutkörperchen, die sich im Blutgefäßnetz bewegen, enthalten Hämoglobin. Der Durchmesser dieser Blutgefäße in der Haut kann sich durch Hitze oder starke Gefühlsregungen erweitern, bis sich die Haut rot färbt. Wenn wir vor Scham oder Wut erröten, geschieht genau das. Zwar verdecken Fell oder Federn bei den Tieren die Haut, aber hier und da sind auch sie nackt und können von jetzt auf gleich knallrot werden.

Die roten Blutkörperchen sind kleine, runde Scheiben mit Hämoglobin (dies sind nicht die wahren Farben, da am elektronischen Mikroskop Fotos davon nur in schwarz-weiß erhältlich sind). ►

Der Fregattvogel lebt in tropischen Küstengebieten. Das Männchen bläst seinen Kehlsack auf, um ein Weibchen anzulocken. Da dieser Hautsack von vielen roten Blutgefäßen durchzogen wird, ist er feuerrot.

Rotes Pigment färbt auch beim Hahn Kamm, Wangen und Kehllappen. Wenn er kämpft oder ein Huhn anlocken will, schießt das Blut in diese Hautlappen, bis sie in einem noch kräftigeren Rot leuchten.

ROT GEFÄRBT

Scharlachsichler, die in Gefangenschaft aufwachsen, werden weiß. Wer ihnen zu ihrem leuchtendroten Gefieder verhelfen will, muss ihnen Nahrung geben, die von bestimmten Algen gefärbt ist.

Der Scharlachsichler stammt aus Amerika und ernährt sich hauptsächlich von Kleintieren wie Würmern, Insekten und Krabben, die er aus den Sümpfen fischt. Keines dieser Beutetiere ist so rot wie er, aber die Krabben sind aufgrund ihrer eigenen Nahrung hellorangerot. Sie fressen winzige Algen, die reich an Astaxanthin sind, einem orangeroten Pigment aus der Gruppe der Carotine. Das Astaxanthin schützt die Zellen der Krustentiere, die das Pigment in ihren Muskeln und in ihrem Panzer ablagern, während es sich bei den Scharlachsichlern im Gefieder ansammelt. Dieses Pigment wird also über die Nahrungskette weitergereicht.

▲ *Scharlachsichler finden ihre Nahrung in den Sümpfen und Schlickbänken der Küstengebiete.*

Ein fliegender Scharlachsichler ◄

Diese tropische Tanzgarnele ist reich an rotem Pigment. ►

▲ Das Fleisch des Sockeye-Lachses (USA) ist wegen der Garnelen, von denen er sich ernährt, orange gefärbt. Zur Paarungszeit ziehen die Lachse aus dem Pazifik die Flüsse hoch, um zu laichen. Das Astaxanthin reichert sich in der Haut an, die leuchtend rot wird. Die Färbung ist sehr wichtig für die Fortpflanzung, da sich die Männchen nur für Weibchen mit kräftiger Farbe interessieren.
▼

ORANGE

GANZ VIEL ORANGE

Möhren, Kürbisse, Aprikosen, Melonen, Mais – Obst und Gemüsegärten sind keine Grünflächen, sie sind orange!

Viele Blumen und Früchte enthalten große Mengen Carotinoide, eine Gruppe gelb-rot-oranger Pflanzenfarbstoffe. Diese Substanzen schützen das für die Fotosynthese nötige grüne Pigment Chlorophyll und färben die Pflanzen orange. Das Betacarotin, ein orangefarbener Farbstoff, ist weit verbreitet. Vor allem Möhren enthalten besonders viel davon. Auch Tiere und Menschen können die Carotinoide gut gebrauchen. Sie scheinen eine schützende Wirkung auf die Zellen zu haben; außerdem kann der Organismus Carotin in Vitamin A verwandeln, das dringend zum Sehen gebraucht wird.

▲ *Einige Blumen, wie diese Ringelblume, verdanken ihre Farbe dem Carotin.*

Möhren und Kürbisse enthalten besonders viel Betacarotin. ►

Ein Riesenkürbis ▼

Apfelsinen und Pampelmusen enthalten andere Carotinoide.

Ein weiteres orangefarbenes Pigment ist Xanthophyll. Es schützt die Zellen und verstärkt die Wirkung des Chlorophylls in der Gewöhnlichen Gelbflechte.

GEMEINSAM STARK

Wie alle Flechten ist auch die Gewöhnliche Gelbflechte eine Verbindung aus einem Pilz und einer winzigen Alge. Der Pilz ist farblos, aber die Alge stellt die Farbstoffe für die Fotosynthese: ein wenig Chlorophyll und viel Xanthophyll. Dieses ebenfalls orangefarbene Pigment ähnelt dem Carotin.

BLÄTTER IN FLAMMEN

Im Herbst bieten die Bäume noch einmal ein Feuerwerk aus Gelb-, Orange- und Rottönen, bevor die Blätter kurz darauf vertrocknen und raschelnd zu Boden fallen.

Blätter enthalten nicht nur grünes Chlorophyll, sondern auch gelbe, rote und orangefarbene Carotinoide. Im Frühling und im Sommer schützen diese Pigmente das Chlorophyll gegen zu starke Sonneneinstrahlung. Im Herbst zerstören die Blätter ihr Chlorophyll, um das darin enthaltene Magnesium zu bewahren. Sie schicken es zu den Baumwurzeln hinunter und stellen damit im nächsten Frühling neues Chlorophyll für die jungen Blätter her. Sobald das grüne Pigment verschwindet, kommen die anderen Farben zum Vorschein und die Blätter werden gelb oder orange. Einige Blätter bringen sogar neue rote Farbstoffe hervor, aber die Biologen haben noch nicht herausgefunden, ob es sich dabei um weitere schützende Substanzen oder nur um Schadstoffe handelt, die im Zusammenhang mit dem Blättersterben auftreten.

▲ Buchenblätter

Blattadern eines an Carotinoiden reichen Blattes ►

Ein Wald im Herbst

Ahornblätter

ERKANNT!

Wenn Vögel ihre Artgenossen zur Paarung anlocken oder ihre Rivalen und Feinde abschrecken wollen, können sie entweder singen oder aber ihre leuchtendsten Farben zeigen.

Vögel können sehr gut sehen. Farben spielen in ihrem Leben deshalb eine entsprechend große Rolle, viel mehr als Gerüche. Die Vögel einer bestimmten Art erkennen einander am Schnabel, an ihren Federn oder an der Iris ihrer Augen. Bei einigen Arten ist die Farbe der Augen oder der Federn je nach Geschlecht unterschiedlich und kann sich im Leben des Tieres oder im Wechsel der Jahreszeiten ändern. Wenn ein Sonnensittich orangefarben wird, zeigt er seinen Artgenossen auf diese Weise, dass er ausgewachsen ist und sich fortpflanzen kann. Häufig sind die Männchen farbiger als die Weibchen. Bei den Männchen kann der Federschmuck gleichzeitig als Lockmittel für die Weibchen und als Warnung für andere Männchen dienen.

▲ Der Kopf eines Uhus

Der orangefarbene Fleck des Rotkehlchens ist ein klares Signal an andere Männchen: Wer näher kommt, wird angegriffen! ▼

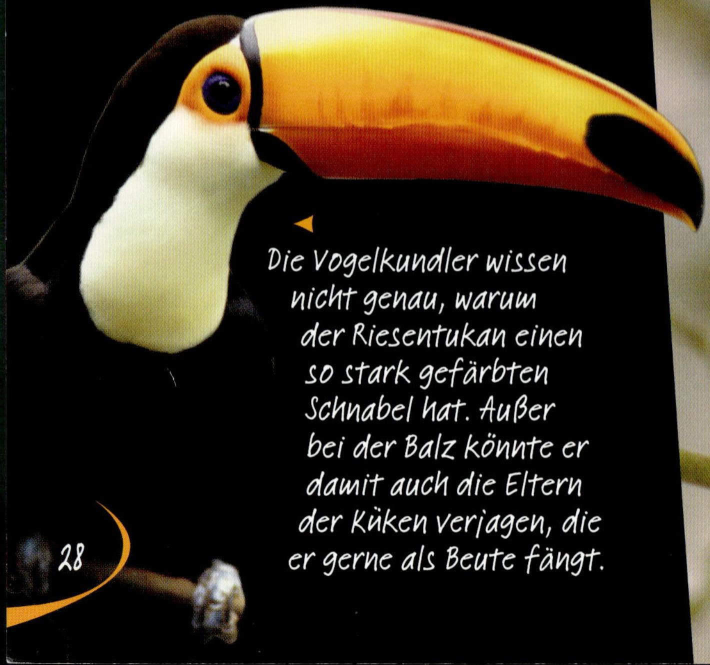

◄ Die Vogelkundler wissen nicht genau, warum der Riesentukan einen so stark gefärbten Schnabel hat. Außer bei der Balz könnte er damit auch die Eltern der Küken verjagen, die er gerne als Beute fängt.

Bei den Sonnensittichen haben Männchen und Weibchen das gleiche Gefieder, aber die jüngeren Tiere sind grüner und unauffälliger als die ausgewachsenen. So können sie sich in ihrer Heimat, dem Regenwald am Amazonas, besser tarnen.
►

GELB

GEBEN UND NEHMEN

Seit Anbeginn der Zeiten besteht zwischen Blumen und nach Blüten suchenden Insekten ein Geben und Nehmen.

Die lebhaften Farben der Blüten dienen dazu, Insekten anzulocken. Die Blumen sind für ihre Fortpflanzung auf die Hilfe der Insekten angewiesen und enthalten im Gegenzug häufig ein süßliches Sekret, den Nektar, von dem sich die Insekten ernähren. Sobald ein Schmetterling oder eine Biene eine Blüte anfliegen, um deren Nektar zu saugen, bleiben einige Pollenkörner an ihren Beinen oder Haaren hängen. Beim Weiterflug von Pflanze zu Pflanze hinterlässt das Insekt die Pollenkörner auf anderen Pflanzen, die auf diese Weise befruchtet werden.

Schmetterlinge können Farben sehr gut sehen und lassen sich gerne von gelben oder roten Blüten anlocken. Bienen können Rot und Grün nicht unterscheiden, doch für Gelb und Blau sind sie sehr empfänglich. Bei einigen Blumen liegen deshalb blaue Blütenblätter rund um eine gelbe Mitte – ein Kontrast mit starker Wirkung auf Insekten.

▲ Ein Rapsfeld

Der Pollen liegt in den Staubgefäßen, kleinen Säckchen an der Spitze eines dünnen Stiels. Er wird in der Pflanze erzeugt – hier in einem Goldfaden. ▼

◄ Wildtulpen sind genauso gelb wie diese Zuchttulpe.

Die meisten leuchtend farbigen Blumen können sich nur mit Hilfe von Insekten, etwa Schmetterlingen und Bienen, fortpflanzen (hier ein Monarchfalter). ►

TÄUSCHUNG

Vor den schwarzgelben Streifen einer Wespe oder Hornisse hat sich jeder schon einmal erschreckt. Einige Insekten profitieren von dieser Furcht, obwohl sie völlig harmlos sind.

Gelb ist wie Rot eine leuchtende Farbe, die der Warnung dient und mögliche Fressfeinde davon abbringen soll, ein Beutetier anzugreifen. Überall auf der Welt gibt es Bienen, Wespen und Hummeln. Sie haben einen giftigen Stachel und sind leicht an ihrem gelbschwarzen Äußeren zu erkennen.

Andere Insekten, wie Schwebfliegen und Widderböcke, haben sich im Laufe der Evolution die gleichen Farben angeeignet. Obwohl sie niemandem etwas zuleide tun könnten, wirken sie auf ihre Umwelt bedrohlich und genießen so einen umfassenden Schutz.

Der Widderbock ist ein Käfer und sieht schon deshalb ganz anders aus als eine Wespe. Doch die gelbschwarzen Streifen genügen zu seinem Schutz. ►

Hummeln haben einen Stachel, den sie jedoch nur selten benutzen. ►

Hornissen sind die größte heimische Wespenart. Die meisten Insektenfresser meiden sie, weil ihr Stich sehr wehtut.

Zwei Schwebfliegen saugen den Nektar einer Pfingstrose. Einige Schwebfliegenarten ahmen sogar das Brummen der Wespen nach. Dabei sind es nur harmlose Fliegen!

DAS GELB DER SONNE

Eine weiße Sonne vor einem schwarzen Himmel. So sähen wir die Sonne ohne die Lufthülle rund um die Erde.

Das weiße Licht, das die Sonne zur Erde schickt, ist genau betrachtet eine Lichtmischung. In einem Regenbogen sehen wir wegen der Luftfeuchtigkeit alle Farben einzeln: Rot, Orange, Gelb, Grün, Blau und Violett. Dazwischen liegen noch unendlich viele weitere Zwischentöne. Aus der Summe all dieser Farben entsteht weißes Licht. Deshalb müsste die Sonne in unseren Augen eigentlich weiß sein, doch die Luft stört die Bahn der Lichtstrahlen. So werden Violett und Blau geschluckt und in alle Richtungen gestreut. Da es so einen Teil seines blauen Bestandteils verliert, erscheint das Licht, das uns erreicht, nicht rein weiß, sondern mit mehr Rot und vor allem Gelb unterlegt. Tagsüber ist die Lichteinstrahlung so stark, dass wir kaum etwas davon merken, aber abends kommt uns die Sonne richtig gelb vor.

Wenn die Sonne abends am Horizont verschwindet, durchqueren ihre Strahlen, bevor sie auf die Erde treffen, eine sich stets verdichtende Luftschicht. Auch die gelbe Strahlung (die den Himmel gelb färbt) wird also gestreut und Rot gewinnt immer mehr an Gewicht. Die Sonne sieht zunächst orange und schließlich rot aus.

▶

SCHWEFEL

Das intensive Schwefelgelb wird oft mit Vulkanen in Verbindung gebracht. Doch vor allem ist es ein lebenswichtiges chemisches Element.

Bei Vulkanausbrüchen enthalten die freigesetzten Gase nicht selten Schwefel. Die abrupte Abkühlung dieser Gase beim Ausbruch löst rund um die Vulkanschlote schwefeligen Niederschlag aus, der zu gelben Kristallnadeln erstarrt. Auch wenn man Vulkanschwefel direkt am Vulkan abbaut, bevorzugt die Industrie Schwefel aus Sedimentgestein vom Grund der Seen und Meere. Dieser Schwefel entsteht aus dem Verfall des Planktons und anderer toter Tiere, die sich am Grund ablagern und allmählich in Sand und Schlick versinken.

Auch Lebewesen enthalten in sehr geringen Mengen Schwefel. Das lebenswichtige Element trägt zur Funktion der lebenden Zellen bei. Einige Bakterien bedienen sich außerdem des Schwefelwasserstoffs, der in einigen Vulkangebieten von heißen Quellen am Meeresgrund ausströmt. Das Gas, das man leicht an seinem Geruch nach »faulen Eiern« erkennt, dient ihnen als Energiequelle.

Schwefelabbau am Vulkan Kawah Ijen (Indonesien)

Schwefel-Kristallnadeln

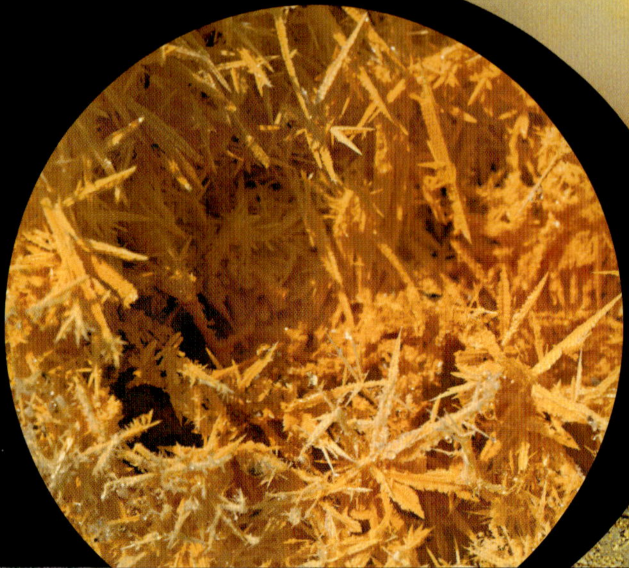

Gasaustritt in der Solfatara von Pozzuoli in der Nähe von Neapel (Italien) ►

GRÜN

LEBEN IM GRÜNEN

Auch wenn sie sich nicht fortbewegen, führen Grünpflanzen ein aktives Leben!

Die allermeisten Pflanzen enthalten Chlorophyll, jenes grüne Pigment, das die Energie des Sonnenlichts in chemische Energie umwandeln kann. Die Pflanze nutzt diese Energie, um aus Kohlendioxid Zucker zu gewinnen. Diese chemische Reaktion bezeichnet man als Fotosynthese. So können Pflanzen aus Wasser, mineralischen Salzen und Luft eigene pflanzliche Stoffe herstellen. Dazu benötigen die Pflanzen Licht. Pflanzen dienen vielen Tieren als Nahrung und stehen somit am Anfang fast aller Nahrungsketten.

▲ *Äquatorialwald in Thailand*

▲ *Ein Ginkgoblatt*

Chlorophyll nimmt vor allem das blaue und rote Sonnenlicht in sich auf. Dagegen wird das grüne Licht an die Außenseiten der Blätter zurückgesandt, die deshalb grün erscheinen.▼

◄ Ein Lupinenblatt

BLAU + GELB = GRÜN

Viele Tiere sind grün, obwohl die wenigsten das grüne Pigment Chlorophyll enthalten. Sie verdanken ihre Farbe überwiegend einer Mischung aus Blau und Gelb.

Die Haut von Fröschen und Schlangen enthält nicht nur gelbe Pigmente, sondern auch kleine farblose Bestandteile. Diese Körnchen brechen das blaue Licht, das die Haut färbt und ihr einen glänzenden Schimmer verleiht. Die grüne Farbe dieser Tiere entsteht also aus einer Mischung zweier Farben: dem dunklen Gelb der Pigmente und dem Blau der Lichtstrahlung. Daraus entstehen verschiedenste Farbschattierungen zwischen Grün und Braun, die den Reptilien helfen, sich zu tarnen. Die grünen Vogelfedern ergeben sich ebenfalls aus der Mischung aus Blau und Gelb.

Die Gelbwangenamazone, ein Papagei aus den amerikanischen Tropen ►

▲ Der Schwanz eines Chamäleons

Pfauenfedern

Eine Glanzspitznatter (Amerikanische Tropen)

LEBEN WIE PFLANZEN

Mit Hilfe von Chlorophyll leben auch manche Tiere wie Grünpflanzen!

Der Grüne Süßwasserpolyp ist ein kleines Tier aus der Familie der Seeanemonen. Er lebt im Süßwasser in enger Verbindung mit winzigen Grünalgen, die Chlorophyll enthalten. Die Algen liefern ihm durch Fotosynthese einen Teil seiner Nahrung. Auf diese Art und Weise leben auch noch einige andere Tiere wie die Große Riesenmuschel, die jedoch warmes Meerwasser bevorzugt.

▲ *Ein Grüner Süßwasserpolyp (10 mm)*

▼ *Eine Große Riesenmuschel*

▲ Der Papageiensaftling kann gelb, grün oder rot sein.

▲ Der Grüne Knollenblätterpilz ist ein tödlich giftiger Pilz.

LEBEN WIE TIERE

Es gibt aber auch grüne Pflanzen, die gar keine Grünpflanzen sind!

Mehrere Pilzarten sind grün, enthalten jedoch kein Chlorophyll. Wie allen Pilzen fehlt auch ihnen die Fähigkeit zur Fotosynthese. Sie müssen sich von toten oder auch von lebendigen Gewächsen ernähren. So zersetzen sie zum Beispiel das welke Laub auf dem Waldboden und verhalten sich auf diese Weise eher wie Tiere.

BLAU

HIMMELBLAU

Warum ist der Himmel nicht rot, weiß oder schwarz … sondern blau?

Bevor das Sonnenlicht den Erdboden berührt, muss es die Atmosphäre durchdringen. Diese enthält verschiedene Gase wie Sauerstoff, Stickstoff und Wasserstoff. Auf dem Weg zur Erde wird das Sonnenlicht durch winzige Gasteilchen gestreut und in sämtliche Richtungen umgeleitet. Das blaue und das violette Licht wird stärker gestreut als das andere, sodass der Himmel blauviolett erscheint. Da unsere Augen für Blau empfänglicher sind als für Violett, sehen wir den Himmel blau. Dort, wo der Himmel sehr sauber und trocken ist, etwa in den Bergen, ist die Streuung geringer und der Himmel dunkelblau. Wenn dagegen die Atmosphäre feucht oder verschmutzt ist, nimmt die Streuung zu. Dann werden Grün und Gelb stärker gestreut und geben dem Himmel einen blassblauen Anstrich.

▲
Es liegt an der Streuung des Lichts, dass wir tagsüber einen blauen Himmel und abends rote Sonnenuntergänge sehen.
▼

EWIGES BLAU

Wenn man die Feder eines blauen Vogels zu Puder zerreibt, erhält man ein weißliches Pulver, und kein blaues!

Im Gegensatz zu den meisten Farbstoffen, die im Laufe der Zeit verblassen und schwinden, bleiben viele Schmetterlingsflügel für immer blau. Das Seltsamste daran ist aber, dass die Flügel einiger Schmetterlinge überhaupt keine Pigmente enthalten. Ihre Farbe erhalten sie, indem sich das Licht einen Weg ins Innere der winzigen Schuppen auf den Flügeln bahnt. Diese Schuppen bestehen aus kleinen, durchsichtigen Plättchen, die übereinander liegen und das Licht so streuen, dass der Flügel blau erstrahlt. Auch die blauen Vogelfedern enthalten diese geschichteten Plättchen. Das Blau der Vögel und Schmetterlinge kann so niemals verblassen.

▲ Ein Kleiner Schillerfalter

Der Flügel eines Morpho-Schmetterlings ►

▲ Ein Himmelblauer Bläuling

▲ Federn eines Blauhähers

Eine Blaumeise ▼

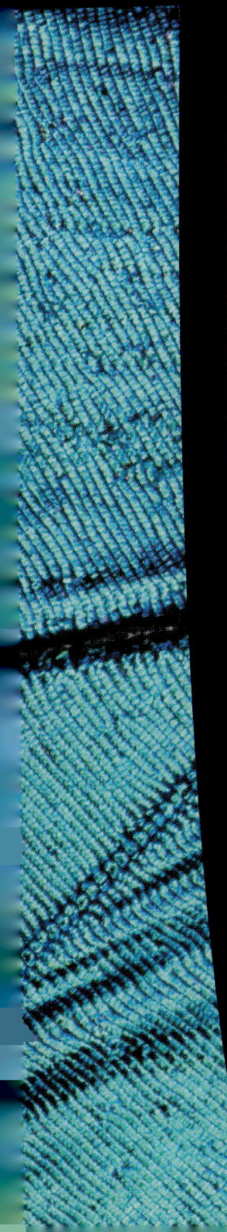

BLAUE TIEFE

Wenige Meter unter der Wasseroberfläche sieht alles blau aus. Aber warum?

Der Himmel spiegelt sich im Meer, aber das reicht als Erklärung nicht aus. In Wirklichkeit ist das Meer genau wie der Himmel deshalb blau, weil die Wassermoleküle vor allem das blaue Sonnenlicht streuen. Dazu kommt, dass bereits eine schwache Wasserdichte ausreicht, um das Rot und das Gelb zu schlucken, während das Blau noch tiefer wirken kann. Bereits wenige Meter unter der Oberfläche verschwindet das rote, gelbe und grüne Licht. Da nur noch das blaue Licht übrig bleibt, erscheint alles in Blau. Viele Tiere nutzen dies für ihre Zwecke.

Der Rücken der kleinen Tiefwasser-Fische wie Sardinen und Sardellen ist dunkelblau und somit eine gute Tarnung vor angriffslustigen Feinden. Auch große Raubfische wie Tunfische und Haie haben einen dunkelblauen Rücken, damit sie sich den Schwärmen kleinerer Fische unentdeckt nähern können.

▲ Blauhai

Die meisten Delfine haben ebenso wie Haie einen blauen Rücken. ▼

Maomao-Fische aus Neuseeland

BLAU WIE EIN HUMMER

Hummer werden erst beim Kochen rot. In der freien Natur sind sie dagegen recht unscheinbar!

Der Hummerpanzer enthält Astaxanthin, ein Pigment aus der Familie der Carotinoide, das normalerweise eine orangerote Farbe verleiht. In dem Panzer ist dieses Pigment jedoch mit einer anderen Substanz, dem Crustacyanin verbunden. Diese Bindung verformt das Astaxanthin und verleiht dem Panzer seine bläuliche Farbe. Wird der Hummer gekocht, zerstört die Hitze die Verbindung und das Astaxanthin wird freigesetzt, sodass der Hummer eine kräftige rote Farbe annimmt. Aus dem gleichen Grund werden auch Garnelen und Krebse beim Kochen rot.

Hummer leben in den Meeren gemäßigter Breiten in Nordeuropa. ►

VIOLETT

GEHEIMNIS VIOLETT

Warum sind Pilze violett? Gewisse Farben spielen in der Natur eine besonders geheimnisvolle Rolle.

Pilze sind häufig außergewöhnlich gefärbt. Die Biologen vermuten, dass einige Pigmente dem Pilz helfen, giftige Substanzen aus dem Erdboden unschädlich zu machen. Wie man weiß, ziehen Pilze nicht nur Wasser und nützliche Metalle aus dem Boden, sondern auch Schwermetalle wie Cäsium, Blei und Quecksilber. Die Pigmente hängen sich an diese Giftstoffe und verhindern auf diese Weise, dass sie die Funktionstüchtigkeit der Zellen beeinträchtigen. Andere Wissenschaftler glauben, die Pigmente könnten dazu dienen, dass die Pilze durch ihre Farbe auffallen. So hätten sie größere Chancen, von Tieren gesehen und gefressen zu werden, die dann die Pilzsporen in der Umgebung verteilen.

▲ Der Hut eines Violetten Rötelritterlings (von unten fotografiert)

▲ Eine Küchenschelle

▲ Violette Schleierlinge

Ein Lavendelfeld.
Bei Blumen übernimmt die violette Farbe eine klar definierte Aufgabe: Sie soll die Bienen anlocken, die sie beim Nektarsammeln befruchten.
▼

TÖDLICHE FALLE

Nicht alle Tiere verkleiden sich zur Tarnung in Khakifarben. Je nach Standort kann auch Malve eine gute Farbwahl sein.

Krabbenspinnen spinnen kein Netz, sondern legen sich auf die Lauer, um ihre Beute zu fangen. Sie warten auf einer Blume im selben Farbton, bis ein Insekt in Reichweite kommt. Dann stürzen sie sich darauf und lähmen es mit ihrem Gift. Auf diese Weise erbeuten sie Schmetterlinge und Bienen, die nach Nektar suchen.

Studien zum Sehvermögen der Beutetiere belegen, dass sie die Spinnen wegen ihrer Farbanpassung nicht klar erkennen konnten. Diese Tarnung schützt aber auch die Spinnen selbst vor ihren Feinden. Innerhalb weniger Tage können Krabbenspinnen die Farbe wechseln und gelb oder weiß werden. So passen sie sich genau den Blüten an, die in ihrem Lebensraum wachsen.

▲ *Im Reich der Insekten sind Krabbenspinnen gefährliche Raubtiere, die ihrer Beute auflauern.* ▼

▲ *Die Krabbenspinne heißt so, weil sie sich wie ein Krebstier seitlich fortbewegt.*

Die Krabbenspinne tötet ihre Beute, indem sie ihr in den Hinterkopf beißt und ein starkes Gift einflößt, das automatisch zur Lähmung führt. ▼

GIFTIGE SCHNECKEN

Die farbenprächtigen, kleinen Meeresschnecken sind ungenießbar! Um nicht gefressen zu werden, ernähren sie sich von Gift!

Die Meeresschnecken nutzen die Farbe Violett als Warnsignal, um ihre Fressfeinde fernzuhalten. Die kleinen Weichtiere leben in der Nähe von Felsen und Korallenriffen. Sie haben weder eine Schale noch eine gefährliche Waffe, sondern verteidigen sich nur durch ihre Ernährung. Meeresschnecken fressen nämlich Korallen oder Seeanemonen, also Tiere mit Giftzellen. Den Schnecken macht dieses Gift jedoch nichts aus. Im Gegenteil: Sie legen in ihrem Körper Vorräte davon an. So werden sie selbst giftig und verschrecken mögliche Feinde durch ihre leuchtende Farbe, sei es in Gelb, Blau oder Violett.

▲ Eine Sternschnecke aus Neukaledonien

Eine Pilzkoralle ▼

▲ Eine Violette Fadenschnecke

▲ Eine Steinkoralle

Eine Dreifarbige Sternschnecke ▼

SCHWARZ

NÄCHTLICHE SCHATTEN

Was raschelt da im Gebüsch? Wer versteckt sich in den Schatten? Schwarzen Nachttieren bietet ihr dunkles Kleid eine perfekte Tarnung.

Melanin färbt die menschliche Haut, die Rabenfedern und das Pantherfell. Je nachdem, wie hoch der Anteil ist, sorgt es für einen Farbton zwischen Hellbraun und Schwarz bis zu Gelb und Rot. Diese Pigmente haben oft eine schützende Funktion. Deshalb werden Federn und Fell besonders gestärkt. Bei anderen Tieren und auch dem Menschen besteht die Hauptaufgabe des Pigments darin, sie gegen die ultraviolette Strahlung der Sonne zu schützen.

Es gibt Tiere, die ganz schwarz geboren werden, obwohl ihre Eltern farbig sind. In diesen Fällen handelt es sich um eine Veränderung des Erbgutes, die eine dunkle Farbvariante hervorbringt. Dieses Tier kann seine neue Farbe an seine Nachkommen weitergeben, wie es zum Beispiel bei verschiedenen Panthern geschehen ist.

▲ Panther sind schwarze Leoparden. Das schwarze Tier besitzt jedoch viel mehr Melanin als das gefleckte.

Eine Büffelherde (Afrika) ▼

Ein schwarzer Kakadu (Ozeanien) ►

Ein Grüner Leguan (Karibik) ►

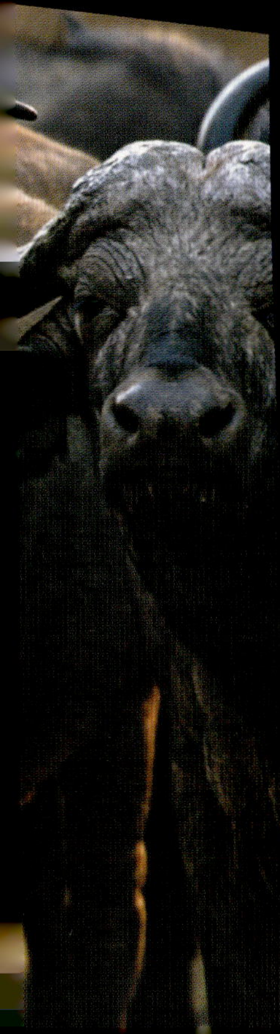

ANGEPASST!

Der Birkenspanner ist ein Schmetterling, der sich biologisch verändert und an die Umweltverschmutzung angepasst hat.

Nachtfalter, zu denen auch der Birkenspanner zählt, werden aktiv, wenn die Sonne untergeht. Sie verbringen den Tag reglos auf einem Baumstamm, wo ihre ungleichmäßige Braunfärbung sie gut gegen den suchenden Blick der Vögel tarnt. Ab und an taucht ein mutiertes, fast schwarzes Exemplar mit besonders viel Melanin auf. Solche Tiere sind heutzutage viel zu auffällig, um in der normalen Umgebung ihrer Art überleben zu können. Im 19. Jahrhundert waren sie in England sehr verbreitet, allerdings nur in Industriegebieten mit hoher Umweltverschmutzung. Dort hatte die Luftverschmutzung die Flechten der Bäume zerstört. Schwarze Birkenspanner waren in diesem Fall auf der rußgeschwärzten Rinde der Bäume besser getarnt als die ursprüngliche, braune Art. Sie pflanzten sich auch erfolgreicher fort und zeitweise waren bis zu 90% aller Spanner schwarz. Nach der Schließung der betreffenden Fabriken wurden die schwarzen Spanner von den Vögeln wieder ausgerottet. Die Geschichte der mutierten Birkenspanner gilt als beispielhaft für die natürliche Selektion.

Einige Spanner sind so gut getarnt, dass sie nur selten entdeckt werden.►

Der Birkenspanner kommt in unterschiedlichen Färbungen vor.

Birkenspanner

KOHL-SCHWARZ

Kohle und Erdöl sind schwarz, weil sie Kohlenstoff enthalten. Diese Brennstoffe haben sich innerhalb von Zehntausenden von Jahren gebildet.

Vor 300 Millionen Jahren bedeckten weite Wälder die Kontinente. In feuchtwarmen Sumpfgebieten sammelten sich Blätter und andere pflanzliche Überreste in immer neuen Schichten im Wasser. Diese organischen Stoffe lagerten schließlich unter hundert Meter dicken Felsschichten. Durch die hohe Temperatur und den starken Druck in dieser Tiefe verwandelte sich das organische Material allmählich in Kohle. Der reichlich vorhandene Kohlenstoff färbt das Gestein schwarz.

Auch Erdöl besteht ursprünglich aus organischem Material: Am Meeresboden sammelte sich abgestorbenes Plankton, das von anderen Ablagerungen überdeckt wurde und sich langsam verwandelte.

▲ Ein Kohlenbergwerk im Freien (Kanada)

Ein Kohlenbergwerk (China) ▼

Kohle ►

Kohle gibt es nicht nur auf Mineralbasis. Durch Holzverkohlung erhält man ebenfalls Kohlenstoffe: die sogenannte Holzkohle.
▼

SCHWARZE VÖGEL

Weil der Kolkrabe ein pechschwarzes Gefieder hat und sich von toten Tieren ernährt, sagte man ihm lange Zeit gute Beziehungen zu Teufeln oder Hexen nach.

Trotz allem Aberglauben hat das schwarze Federkleid nichts mit schwarzer Magie zu tun, sondern dient dem eigenen Schutz. Das Keratin, aus dem die Federn und Schnäbel bestehen, wird in Verbindung mit Melanin deutlich härter. Da abgenutzte Federn erst in der Mauser ersetzt werden können, brauchen die Vögel ein widerstandsfähiges Gefieder. Außerdem ist es anstrengender, mit schadhaften als mit funktionstüchtigen Federn zu fliegen. Melanin zu erzeugen, kostet den Vogel weniger Energie. Ein weiterer Vorteil liegt darin, dass schwarze Federn die Wärme der Sonne schneller aufnehmen. So können die Vögel auch im Winter bereits frühmorgens aktiv werden oder ihre Federn bei Nässe schneller trocknen.

▲ Mit ausgebreiteten Flügeln trocknet dieser große Kormoran sein Gefieder.

Schwarze Schwäne australischen Ursprungs ▼

Eine Dohle (Europa) ►

Ein Kolkrabe
(Europa) ►

WEISS

WEISS WIE SCHNEE

Wolken sind weiß wie Schnee oder wie Baumwolle … und zwar aus demselben Grund!

Frischer Schnee ist sehr leicht, weil zwischen den Eiskristallen viel Luft steckt. In dieser Mischung aus durchsichtigem Eis und Luft wird das Sonnenlicht in alle Richtungen gestreut, ohne dass dabei eine einzelne Farbe bevorzugt wird. Der Schnee wirft dementsprechend weißes Licht zurück. Auch die Wolken bestehen aus Luft und unendlich vielen winzigen Wassertröpfchen. Wie der Schnee streuen sie das Sonnenlicht und wirken weiß. Wenn sie sehr dicht sind, halten sie einen Teil des Lichts fest und nehmen einen hell- oder dunkelgrauen Farbton an.

▲ *Baumwolle, Baisergebäck und Milch sind aus ein- und demselben Grund weiß: Sie bestehen aus mehreren unterschiedlich durchsichtigen Elementen. Baumwolle ist ein Gebilde aus Zellulosefasern und Luft, Baisers bestehen aus Eiweiß und Luft, während die Milch Wasser und Proteine enthält.*

Ein schneebedeckter Baum ▸

Die Aiguille Noire de Peuterey (am Bergmassiv des Montblanc) ◂

Packeis ist eine Eisdecke, die sich im Winter über die Wasseroberfläche des Meeres legt. Eisberge sind riesige Eisblöcke, die aus Gletschern brechen, die ins Meer stürzen. ▾

LICHTWEISS

Nichts ist praktischer, als unsichtbar zu sein, wenn man sich verstecken will! Tierische Organismen (Plankton) sind oft durchsichtig, erscheinen jedoch weiß, wenn sie größer werden!

Unter dem Mikroskop sieht man, dass der Stoff, aus dem Lebewesen bestehen, durchsichtig ist. Kleine Planktontierchen haben oft überhaupt keine Pigmente. Da sie klein genug sind, um Licht durchzulassen, werden sie im Wasser beinahe vollständig durchsichtig. Das ist einfacher und kostet weniger Energie als blaue Pigmente zu erzeugen! Allerdings ändert sich das ab einer gewissen Größe. Dann wird ein Teil des Lichts vom Körper absorbiert und gestreut, sodass die Tiere weiß aussehen.

▲ Die Lungenqualle, eine der großen Quallen in den europäischen Meeren, ist zu dick, um durchsichtig zu sein.

Eine Lungenqualle ►

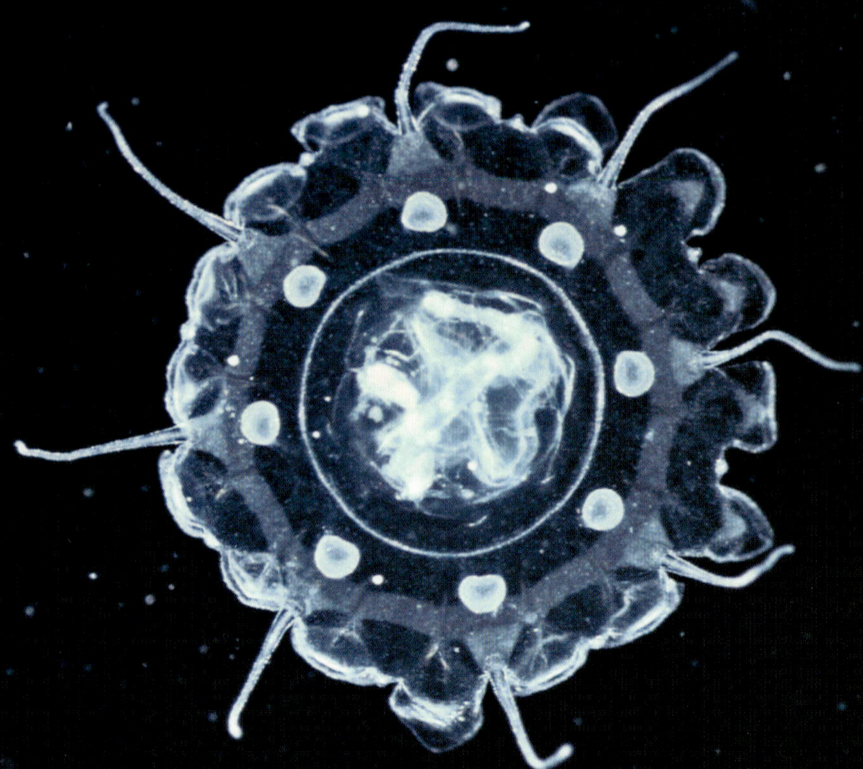

Die Qualle Nausithoe misst im Durchmesser knapp 2 cm. ►

▲ Quallenlarven

Die Eucharis ist eine Rippenqualle. Im Gegensatz zu anderen Quallen zählt sie nicht zu den Nesseltieren. Sie sticht nicht, sondern fängt ihre Beute mit verklebten Wimpernplättchen.▼

WINTERFELL

Eisbär, Polarfuchs, Schneehase und Schneeeule leben in der Arktis rund um den Nordpol. Im ewigen Eis sind sie durch ihr weißes Fell gut getarnt.

Da die meisten Landtiere in der Arktis rund um den Nordpol weiß sind, heben sie sich kaum vom Schnee ab. Das gilt für den Eisbär, den Polarfuchs, den Schneehasen und die Schneeeule. Große Tiere wie die Eisbären spüren ihre Beute deshalb nur schwer auf. Sie sind aber auch selbst gut getarnt und können sich umso besser anschleichen.

Einige Arten wechseln je nach Dichte der Schneedecke im Laufe des Jahres ihr Fell oder Gefieder. Das Hermelin ist im Sommer braun, mausert sich jedoch mit Beginn des Winters und wird strahlend weiß … bis auf die Schwanzspitze!

▲ Eisbären

Schneeeulen ▼

Ein Hermelin
▼

Der Schneehase lebt nicht nur im Polargebiet, sondern unter ähnlichen klimatischen Bedingungen in hochgelegenen Gebirgen. Im Sommer ist er braun, im Winter weiß. ►

SALZFARBEN

Solange es im Meerwasser aufgelöst ist, ist Salz unsichtbar. Auf das strahlendweiße Mineral kann jedoch kein Koch verzichten.

Als Salzgarten bezeichnet man eine Ansammlung künstlicher Becken im Küstenflachland, die bei Flut überschwemmt werden. Durch ein ausgeklügeltes System von Kanälen und Ventilen füllen sich die Becken mit Meerwasser. Jetzt heißt es warten, bis das Wasser unter dem Einfluss von Sonne und Wind verdunstet. Während der Verdunstung wird das übrig gebliebene Wasser immer salziger. Wenn es eine bestimmte Konzentration erreicht, kristallisiert das Salz und wird fest. Wenn kaum noch Wasser im Becken ist, kehren die Arbeiter im Salzgarten das Salz zu gleichmäßigen Haufen zusammen und lassen es trocknen.

Meerwasser enthält durchschnittlich 35 g verschiedener Salze pro Liter. Das Kochsalz, genauer Natriumchlorid, ist das wichtigste davon. Es besteht aus Chlor und Natrium und ist weiß, wenn es nicht durch den Lehm auf dem Beckengrund gräulich verfärbt wird. Meerwasser enthält zusätzlich viele andere Bestandteile, darunter winzige Spuren von Gold und Silber.

Ein Salzgarten in Thailand ►

MUTANTEN

Einige Tiere sind von Natur aus immer weiß, aber bei anderen überrascht es uns, weil wir sie normalerweise in Farbe kennen. Diese weißen Tiere sind Mutanten!

Ein vollkommen weißer Pfau oder ein schwarz-weißer Tiger werden als Albinos bezeichnet. Aufgrund einer Mutation haben sie die Fähigkeit zur Erzeugung bestimmter Pigmente wie des Melanins verloren. Mutation kann man als Genveränderung bezeichnen. Gene sind winzige Elemente, die für die Funktion der Zellen und die allgemeine Entwicklung von Lebewesen sorgen. Bei den Albinos wurde ein bestimmtes Gen verändert, sodass die Zellen kein Melanin, das schwarzbraune Pigment, mehr erzeugen können. In manchen Fällen können die Tiere doch noch einige wenige Pigmente herstellen, wie ein Tiger, der seine Streifen behält. Eine Mutation kann sich auch auf das Verhalten der Tiere auswirken: Weiße Labormäuse sind nicht so ängstlich und nervös wie ihre wilden Artgenossen.

Eine Albino-Maus ►

Der weiße Pfau ist eine Albinoart des blauen Pfaus. ►

Der weiße Tiger hat blaue Augen, während andere Tiger gelbe Augen haben. ►

SCHWARZ
UND
WEISS

SCHWARZ-WEISS – EIN GEHEIMNIS

Was haben Riesenpanda, Schwertwal, Tapir und Stinktier gemeinsam? Aus einem noch nicht erforschten Grund sind sie alle schwarz-weiß gefärbt.

Die großen schwarz-weißen Flecken könnten eine besondere Form der Tarnung sein. Sie kaschieren die Gestalt des Tieres vor allem in sehr sonnigen Gegenden mit scharfen Schatten. Auch die Beutetiere des Schwertwals können ihren Feind in einem Meer voller Packeisschollen nur schwer entdecken. Pandas haben dagegen keine Veranlassung sich zu tarnen, da sie weder jagen noch gejagt werden. Die Färbung hilft ihnen vielleicht dabei, andere Pandas schnell zu entdecken. Da sie nicht sehr gesellig sind, könnten sie ihren Artgenossen also besser aus dem Weg gehen. In diesem Fall wäre das schwarz-weiße Fell keine Tarnung, sondern ein optisches Signal.

Das Fell eines Holstein-Rinds ►

Die schwarze Umrandung der Augen schützt den Riesenpanda wirksam gegen die Rückstrahlung der Sonne. ►

◄ Das schwarz-weiße Wechselspiel verändert die Silhouette des Schwertwals und täuscht somit mögliche Beutetiere.

GESTREIFTE RÄTSEL

Weißes Fell mit schwarzen Streifen oder schwarzes Fell mit weißen Streifen? Tarnung oder Erkennungsmerkmal? Zebras sind wunderschöne, aber auch rätselhafte Tiere.

Bei vielen Säugetieren ist der Rücken schwarz und der Bauch weiß. Diese Tatsache spricht auch beim Zebra eher dafür, dass das Fell schwarz und die Streifen weiß sind. Die Streifen lassen sich durch einen Mangel an Melanin, einem schwarzen Pigment, erklären, der an bestimmten Hautstellen auftritt. Die Wissenschaftler konnten noch nicht eindeutig erforschen, wozu die Streifen dienen. Sie sind so kontrastreich, dass die Tiere damit in der Savanne deutlich auffallen. Die Zoologen präsentieren als weitere Thesen, dass die Zebras einander am Streifenmuster erkennen oder dass die Streifen keine Fressfeinde, sondern lästige Insekten wie Bremsen abhalten.

▲ In der Herde verdecken die Streifen die Gestalt der einzelnen Tiere.

Solch ein Hinterteil ist typisch für ein Grevy-Zebra. ▼

Das Fohlen erkennt seine Mutter eher am Geruch als an ihren Streifen. ►

Ein Zebra ►

IM FRACK

Nicht nur die Pinguine im tiefen Süden tragen einen Frack! Der Beweis: Auch die Alkenvögel im hohen Norden sind Anzugträger!

Pinguine sind an Land reichlich ungeschickt, im Wasser jedoch außergewöhnlich schnell und wendig. Deshalb sind die Flügel dieser Vögel auch zu Flossen geworden. Pinguine verbringen den wichtigsten Teil ihres Lebens im Wasser, wo sie von Robben oder Schwertwalen gefressen werden könnten. Mit ihrem dunklen Rücken und dem hellen Bauch haben sie jedoch größere Chancen, unbemerkt an ihnen vorbeizuschwimmen. Diese Färbung findet sich bei vielen Meerestieren. In ihrem schwarzen Anzug sind die Pinguine auf dem Eis zwar weithin sichtbar, aber da ihr blauschwarzer Rücken die Sonnenstrahlen absorbiert, können sie sich dort schneller wieder aufwärmen.

Ein Königspinguin (Südpolargebiet) ▸

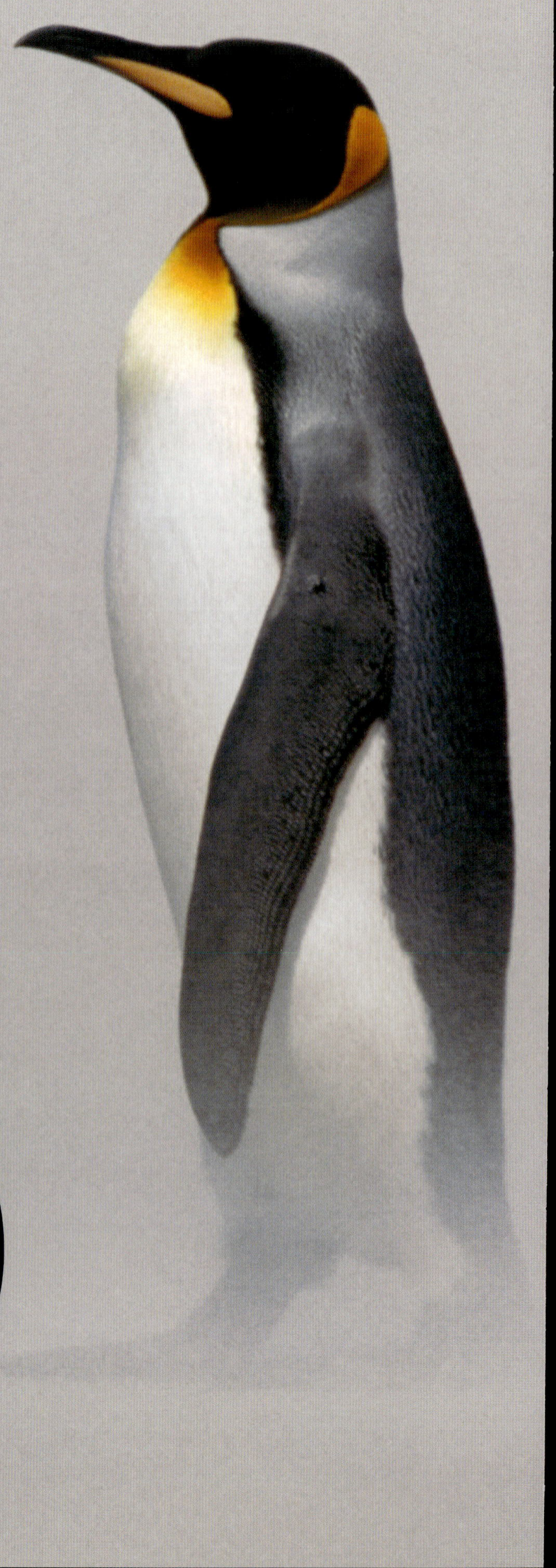

Ein Papageitaucher, ein kleiner Alkvogel aus dem Nordatlantik ▸

Adeliepinguine
(Südpolargebiet)

Alkenvögel können im Gegensatz zu Pinguinen gut fliegen, aber ihre Flügel sind auch klein genug zum Schwimmen!

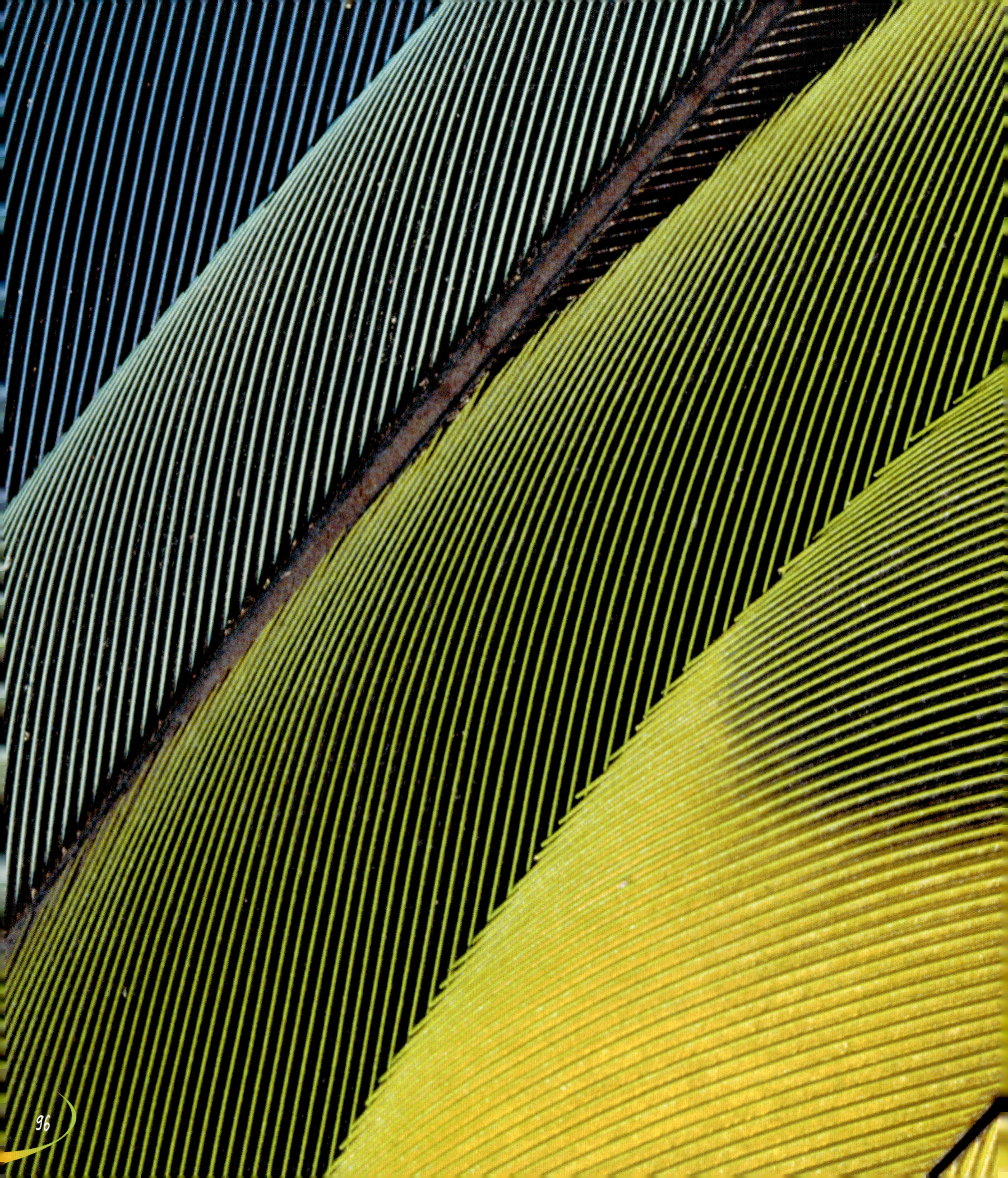

BUNT

NACH-GEAHMT

Einige Tiere sind Meister der Tarnung. Sie können ihre Umgebung fantastisch nachahmen.

Streifen und ungleichmäßige Flecken kommen in der Tierwelt häufiger vor. Diese Formen ahmen das Lichtspiel auf Pflanzen und Steinen nach. Es gibt jedoch auch Tiere, die etwas ganz Konkretes aus der eigenen Umgebung nachahmen – zum Beispiel ein Blatt oder einen Zweig!

Es kommt immer wieder vor, dass ein Tier wegen einer Veränderung des Erbguts zufällig so gefärbt ist, dass es sich besser tarnen kann. Wenn es sich fortpflanzt, gibt es diesen Vorteil an seine Nachkommen weiter. Einige von diesen Nachkommen verbessern die Tarnung immer noch zufällig weiter. Auf diese Weise passt sich das Tier immer besser an seine Umgebung an, bis es letztendlich nicht mehr davon zu unterscheiden ist.

▲ Ein Leopard

◄ Ein Wandelndes Blatt

▲ Eine Indigonatter

Mit seinen Streifen und den verzweigten Widerhaken ähnelt der Algen-Drachenkopf (Neukaledonien) einem Stein voller Algen. ►

Eine Gespenstheuschrecke ▼

Das Große Wandelnde Blatt ähnelt einem von Raupen angefressenen Blatt. ▼

PERFEKT GETARNT!

Wer wäre nicht hin und wieder gerne einmal unsichtbar? Doch wenn das nicht geht, dann wenigstens gut getarnt!

Das Chamäleon ist berühmt dafür, dass es seine Farbe der jeweiligen Umgebung anpassen kann. Es wandelt sich von Grün zu Braun, indem es die Pigmentverteilung auf der Haut umschichtet. Sind die Pigmentkörner gleichmäßig verteilt, wird die Farbe kräftig. Liegen sie eher tiefer in der Haut, erscheint das Tier blasser. Solche Änderungen werden durch Reflexe bewirkt, die davon abhängen, was das Tier gerade sieht. So kann es sich nicht nur gut tarnen, sondern auch einen Partner zur Fortpflanzung anlocken.

Auch viele andere Tiere können ihre Farbe wechseln. Bei einigen von ihnen, beispielsweise bei Tintenfischen und Kraken, funktioniert das sogar in atemberaubender Geschwindigkeit. Mit dem Farbwechsel kann das Tier auch Angst und Wut ausdrücken.

▲▼ *Ein Indisches Chamäleon*

▲ *Das Pantherchamäleon aus Madagaskar kann in unterschiedlichen Formen und vielen verschiedenen auffälligen Farben auftreten.*

▲ Vor Schreck kann der Tintenfisch von einem Moment auf den anderen die Farbe wechseln und sich beinahe unsichtbar machen.
▼

UNECHTE AUGEN

Nicht alle Tiere tarnen sich zu ihrem Schutz. Manche versuchen auch, ihre Fressfeinde durch ein Täuschungsmanöver zu vertreiben.

Beim geringsten Grund zur Beunruhigung öffnet das Kleine Nachtpfauenauge seine Flügel, auf denen deutlich vier große Kreise zu erkennen sind. Es handelt sich um die sogenannten Augenflecke, die wie Augen aussehen und dem Feind Furcht einjagen sollen.

Auch einige Fische im Korallenriff haben Augenflecke in der Nähe der Schwanzflosse. Da diese Augenflecke größer sind als die tatsächlichen Augen, könnte der Fressfeind des Fisches den Schwanz mit dem Kopf verwechseln und in Verwirrung geraten. So kann der Fisch währenddessen in die andere Richtung entwischen. Diese Wirkung wird bei einigen Tieren noch durch einen schwarzen Balken verstärkt, der das echte Auge verbirgt. Möglicherweise dienen die Augenflecke zusätzlich als Erkennungsmerkmal für die Männchen und Weibchen derselben Art. Inmitten von Hunderten anderer Fische in allen möglichen Farben könnte dies von Nutzen sein.

▲ Ein Kleines Nachtpfauenauge (Westeuropa)

Ein Fähnchen-Falterfisch aus Polynesien ▼

▲ Ein Kaiserfisch mit gelber Stirn (Korallenriff)

▲ Der Augenfleck eines französischen Isabellafalters

Ein junger Imperator-Kaiserfisch (Korallenriff) ▼

GESCHMINKT

Wer sich mit den fröhlichsten Farben schmückt, um einen Partner anzulocken, kann zwar mit Erfolg rechnen, lebt aber auch ziemlich gefährlich!

Was haben ein Kasuar (ein Laufvogel aus Neuguinea) und ein Mandrill (ein Affe aus Afrika) gemeinsam? Beide Tiere stellen dieselben Farben zur Schau: Rot und Blau. Auch viele andere Tiere, vor allem Männchen, zeigen diese leuchtende Färbung. Sie wirkt wie ein Reklameschild und signalisiert den Weibchen, dass dieses Tier stark und gesund ist. Aus diesem Grund kann es auch seinen Feinden entkommen, obwohl es so auffällig ist. Wäre das Tier von Parasiten bevölkert, unterernährt oder krank, würde es einen viel glanzloseren Eindruck machen.

Kräftige Farben warnen auch die Konkurrenz. Andere Männchen müssen mit einem starken Gegner rechnen, sollten sie sich den Weibchen nähern.

Die Färbung dieses Aras zeigt: Er ist in Toppform! ►

Das Mandrill-Männchen trägt mehr Farbe zur Schau als das Weibchen. ►

◄ Weibliche und männliche Kasuare sind gleich gefärbt.

FARB-SIGNALE

Bei den Vögeln hängt die Verständigung zwischen Eltern und Küken manchmal nur von einem einzigen Farbfleck ab!

Möwen ernähren ihre Küken mit Muschel- und Fischresten, die sie zuvor hinuntergeschlungen haben. Wenn ein Elternteil ins Nest zurückkehrt, werden die Küken von dem roten Fleck an der Schnabelspitze der Möwe angelockt. Sie klopfen mit dem eigenen Schnabel dagegen und veranlassen so das ausgewachsene Tier, die Nahrung wieder hochzuwürgen.

Diese Art der Verständigung funktioniert aber auch genau anders herum. Bei vielen Vogelarten öffnen die Küken, sobald sie ihre Eltern sehen, weit ihren Schnabel. Dieser ist innen leuchtend gefärbt. Bei einigen Arten erhöhen Flecken innen im Schnabel noch den Kontrast. Das Signal regt den ausgewachsenen Vogel dazu an, die Nahrung – Insekten oder Körner – in den Schnabel der hungrigen Kleinen zu schieben.

▲ Eine Silbermöwe

Kleine Blaumeisen, die nach Nahrung verlangen. ▼

Der Kopf einer Silbermöwe ▼

Eine Blaumeise mit ihren Küken

VERBÜNDETE

Fische sind nicht die einzigen farbenprächtigen Lebewesen an den Korallenriffen. Auch die Korallentiere selbst sind grün, violett oder gelb.

Korallentiere leben in einer Zweckgemeinschaft mit winzigen Algen, den Zooxanthellen. Im Zellkern der Korallen finden diese Algen günstige Lebensbedingungen. Im Gegenzug ernähren sie das Tier mit dem Zucker, den sie durch Fotosynthese erzeugen. Diese Verbindung, die beiden Partnern nützt, nennt man Symbiose.

Ihre Farbe verdanken die Korallen den Pigmenten, die die Zooxanthellen für die Fotosynthese benötigen. Einige Korallenarten erzeugen jedoch auch selbst weitere Pigmente. Diese sollen die Zooxanthellen einerseits vor zuviel Sonnenlicht schützen, andererseits aber auch das Licht bündeln, wenn ihr Lebensraum zu wenig Helligkeit bekommt. Wenn im Inneren der Koralle zu viele Algen wachsen, werden diese von ihrem Gastgeber ausgestoßen und dienen anderen Rifftieren als Nahrung!

▲ Die Steinkorallen wachsen in waagrechten Platten.

Steinkorallen (links) und Feuerkorallen (rechts) am Roten Meer ▼

Eine Griffelkoralle (Stylophora) am Roten Meer ▶

Steinkorallen (Turbinaria) am Roten Meer

FALSCHE SCHLANGE

Es gibt viele Nachahmer im Tierreich. Dank einer unvergleichlich auffallenden Farbenpracht gelingt es einigen von ihnen, besonders gefährlich auszusehen!

Mehrere Arten der Falschen Korallennatter ähneln den echten giftigen und sehr gefährlichen Korallennattern wie ein Ei dem anderen, sind jedoch harmlos. Korallennattern sind nicht groß, aber mit den beiden Giftzähnen können sie ein tödliches Gift verspritzen. Glücklicherweise sind sie nicht besonders angriffslustig und ernähren sich von Eidechsen und kleinen Schlangen.

Eine Falsche Korallennatter aus Mittelamerika ►

Die Falsche Korallennatter oder Puebla-Dreiecksnatter lebt in den mexikanischen Trockengebieten. Sie ähnelt der echten Korallennatter aus der gleichen Gegend sehr.

Wie jede Wasserschlange kann auch die Korallennatter (Amazonien) sehr gut schwimmen und ist in vielen Flüssen verbreitet.

LEBENDE LICHTER

Kleine Lichter leuchten geheimnisvoll in der Nacht – keine Angst, es handelt sich nicht um Außerirdische, sondern nur um Insekten und Pilze!

Glühwürmchen zählen zur Insektenfamilie der Leuchtkäfer, die aufgrund einer chemischen Reaktion im Hinterleib grünliches Licht verströmen. Dieses biologische Leuchten, auch Biolumineszenz genannt, gibt kaum Wärme ab. Im Sommer setzt sich das Weibchen auf einen Grashalm, um Männchen anzulocken. Diese fliegen in der Nähe umher und werden vom Leuchten der Weibchen angezogen. Bei einigen Arten blinken die Weibchen in einem bestimmten Rhythmus, damit sich nur die Männchen ihrer eigenen Art angesprochen fühlen.

Das Eigenleuchten tritt auch bei vielen anderen Lebewesen auf. Sowohl Bakterien und Fische, als auch Insekten und Pflanzen sind biolumineszent. So sind etwa vierzig eigenleuchtende Pilzarten bekannt. Mit ihrer Leuchtkraft locken sie möglicherweise Insekten an. Es könnte jedoch auch umgekehrt funktionieren und Tiere davon abhalten, die Pilze zu fressen.

Ein Malaysischer Helmling ▶

◄ Glühwürmchen

▲ Biolumineszente Pilze (Borneo)

Ein Glühwürmchenweibchen ▼

NEUE PIGMENTE

Seit Tausenden von Jahren suchen die Menschen unermüdlich nach neuen Pigmenten, um schmackhafte Gerichte oder prächtige Stoffe zu färben.

Im Laufe der Zeit wurden zahllose Pflanzenarten zum Färben von Stoffen benutzt. Braun und Grün sind sehr verbreitet, aber bei leuchtenden Farben wird es schon schwieriger. Schon immer forschten Färber und Maler nach Mineralien, Pflanzen und Tieren, die sich als Lieferanten für kräftige Rot-, Orange- und Blautöne eigneten. Außerdem suchten sie Farben, die der Lichteinwirkung widerstanden und leicht herzustellen waren. Die Pigmente, die in der Küche verwandt wurden, mussten zudem essbar sein! Ende des 19. Jahrhunderts gelang es den Chemikern, auf künstlichem Weg Farben herzustellen. In den meisten Industriezweigen wurden die natürlichen Färbemittel rasch durch chemische ersetzt, weil diese preiswerter und haltbarer sind. Zwar sind sie manchmal giftig und tragen zur Umweltverschmutzung bei, aber das trifft auch auf einige natürliche Pigmente zu.

▲ Färbemittel für Stoffe (Katmandu)

Färbemittel (Katmandu) ▼

Safran ist berühmt für seinen Duft und die orangegelbe Farbe, die er vielen Gerichten verleiht. Für ein Kilo des Gewürzes benötigt man 100.000 Blüten der Safranpflanze! ►

Färbemittel für Leder (Marokko) ►

GLOSSAR

Amphibie: Unbehaartes, mit Drüsen ausgestattetes Wirbeltier, dessen Larve stets im Wasser lebt. Beispiel: Frösche, Kröten, Salamander etc.

Anthozyane: Rote, blaue oder violette pflanzliche Pigmente.

Astaxanthin: Orangerotes Pigment aus der Familie der Carotinoide. Schützt die Zellen von Krustentieren.

Atmosphäre: Gasförmige Schutzhülle rund um die Erde; hindert den gefährlichen Teil der Sonnenstrahlung daran, bis zur Erde durchzudringen.

Bakterie: Winziges Lebewesen (0,01 Mikrometer groß); besteht aus einer einzigen Zelle ohne Zellkern.

Balz: Werbung eines Tieres um einen Partner, einschließlich aller Bewegungen und Töne.

Beute: Ein Tier, das von einem Raubtier gejagt wird.

Biologe: Wissenschaftler, der die Funktionsweisen und die Fortpflanzung von Lebewesen erforscht.

Carotine: Orangefarbene Pigmente aus der Familie der Carotinoide; in vielen Pflanzen reichlich vorhanden.

Carotinoide: Gelbe und rote Pigmente, dievon Pflanzen erzeugt und von Tieren häufig zu ihrem Schutz oder ihrer Färbung genutzt werden.

Chlorophyll: Grünes Pigment, das die meisten Pflanzen auf der Erde und im Meer besitzen und das die Fotosynthese ermöglicht.

Hämoglobin: Rotes Pigment, das im Blut der meisten Tiere vorhanden ist.

Insekt: Tier mit 6 Gliederfüßen und (häufig) einem Flügelpaar. Beispiele: Fliegen, Schmetterlinge, Bienen, Marienkäfer etc.

Keratin: Hornstoff, aus dem die Nägel und das Fell der Säugetiere, die Vogelfedern und die Schuppen der Reptilien bestehen.

Koralle: Meerestier, das aus einer Kolonie kleiner Einzelwesen besteht, die ein Kalkskelett erzeugen.

Krustentier/Krebstier: Flügelloses Tier mit Gliederfüßen, häufig im Wasser lebend. Beispiele: Garnelen, Krebse, Hummer etc.

Melanin: Gelbe und rote bis schwarze Pigmente, die normalerweise von den Tieren selbst erzeugt werden.

Mimese: Ähnlichkeit zwischen einem Tier und einem Bestandteil seiner Umgebung (z.B. einem anderen Tier, einer Pflanze, einem Stein etc.).

Molekül: Kleinstes Teilchen einer Verbindung aus zwei oder mehr Atomen.

Mutant: Tier oder Pflanze mit einer Genveränderung.

Mutation: Eine Genveränderung, die an die nachkommenden Generationen vererbt wird.

Natürliche Selektion: Natürliche Vernichtung von Lebewesen, die sich nur schlecht an das Klima oder die in ihrer Umgebung lebenden Raubtiere anpassen, sowie die Förderung besser angepasster Lebewesen.

Fotosynthese: Chlorophyllhaltige Pflanzen erzeugen mithilfe der Sonnenenergie organisches Material aus dem Kohlendioxid der Luft.

Pigment: Farbstoff, der dem Körper, der es enthält, seine Farbe gibt. Pigmente dienen auch zur Färbung von Stofffasern (Baumwolle, Leinen, Polyacryl etc.) beziehungsweise dünn- oder dickflüssigen Lacken.

Plankton: Gesamtheit der kleinen Tiere und Algen, die im Wasser schweben.

Raubtier: Ein Tier, das zur eigenen Ernährung andere Tiere jagt und tötet.

Reptil: Geschupptes Wirbeltier mit Lungenatmung. Beispiele: Schlangen, Eidechsen, Schildkröten, Chamäleons etc.

Säugetier: Wirbeltier mit fellbedeckter Haut. Das Weibchen säugt die Jungen. Beispiele: Leoparden, Zebras, Tiger etc.

Sediment: Ablagerungen von Lehm, Sand oder anderen Mineralien auf dem Grund eines Meeres, Sees oder Flusses, die eine relativ dicke Schicht bilden.

Strahlung: Transport von Energie, zum Beispiel in Form von Licht oder Wärme.

Ultraviolett: Die Sonnenstrahlung nah am Violett des Farbspektrums, die von einigen Lebewesen (z.B. den Bienen) gesehen werden kann, und von anderen (z.B. dem Menschen) nicht.

Xantophyll: Eine Gruppe gelber und roter Pigmente aus der Familie der Carotinoide.

Zelle: Grundeinheit aller Organismen. Alle Lebewesen bestehen aus mindestens einer Zelle.

INDEX

BILDNACHWEIS

HACHETE FILIPPACHI

TOP

D. Bouquignaud: Titelseite (Hintergrund), Rückseite (Hintergrund); J. Sudres: S. 25 (o.).

HOAQUI

Age Fotostock/Hoaqui

Ross Amstrong: Rückseite (u. Mitte); A. Cavalli: S. 2-3, 91, 118-119; G. A. Conner: S. 8 (o.l.), 78 (u.l.); J. Carter: S. 8 (o.r.), 10-11; B. Borrell: S. 8 (u.r.), 40-41, 106 (u.r.); G. Holland: S. 9 (u.r.); M. Jones: 14 (u.r.), 95 (o.); AGE FOTOSTOCK: S. 14 (o.r.), 36-37, 74 (o.r.); J. Cancalosi: S. 18 (r.), 45 (u.), 111; A. Lopez Roman: S. 24 (o.r.), 25 (u.); K. Karpeles: S. 24 (u.r.); J. A. Jimenez: S. 28 (o.r.); D. Scott: S. 39; K. Schaffer: S. 44 (r.); G. Holland: S. 46-47 (u.), 102 (u.l.); S. Andersson: S. 50 (u.l.); MAREVISION: S. 65 (u.); NORTH LIGHT IMAGE: S. 72-73 (o.), 73 (u.); M. S. Nolan: S. 83; A. Shah: S. 92 (u.r.); C. Mattison: S. 100 (o.r.); ASPEN STOCK: S. 104 (r.); L. Cary: S. 106 (o.r.); D. Williams: S. 114 (u.r.).

Hoaqui

SAN BUGHET: S. 4-5, 76-77; P. Bourseiller: S. 9 (o. Mitte), 38 (o.r., u.r.), 48-49; P. Roy: S. 14 (u.l.); M. Renaudeau: S. 69; S. de Wilde: S. 80 (u.l., o.r.); A. Fuch: S. 114 (u.l.); J. Barea: S. 115.

Grandeur Nature/Hoaqui

L. Grive: S. 15 (u.); KAREL: S. 43 (u.).

EXPLORER

P. Forget: S. 8 (o. Mitte), 22-23; E. Sampers: S. 100 (u.l.).

JACANA

NPL/Jacana

B. Castelein: Titelseite (o.l.), S. 53 (o.); A. Shah: Rückseite (Mitte l.); D. Kjaer: Rückseite (o.r.), S. 52 (u.l.); J. Rotman: S. 9 (o.r.), 64 (u.l.); L. M. Stone: S. 33, 68 (o.r.); H. C. Kappel: S. 52 (o.r.); B. Castella: S. 60 (u.l.); C. Schrurs: S. 64 (o.r.); B. Davidson: S. 66-67; A. Davies: S. 71 (u.); J. Cancalosi: S. 98 (u.l.); STUDIO TIMES LTD: S. 98 (u. Mitte); I. Arndt: S. 99 (u.r.); G. Douwma: S. 108 (u.l.); T. Taylor: S. 112 (r.).

Jacana

P. Lorne: S. 12; D. Noton: S. 42-43 (o.); S. Cordier: S. 53 (u.), 82 (o.r.), 98 (o.r.), 107; M. Jozon: S. 54 (u.r.); E. Baccega: S. 68 (u.l.), 79 (u.); P. de Wilde: S. 68 (u.r.), 93; C. Carre: S. 80 (u.r.), 81 (o.); J. Blanc: S. 82 (u.l.); V. Savigny: S. 90 (u.l.); I. Arndt: S. 98-99 (u.), 100 (u.r.).

IMAGESTATE/GHFP

R. Calvert: S. 16-17, 45 (o.); L. Frost: S. 26 (o.r.); G. du Feu: S. 26 (u.l.); F. Kramher: S. 26 (u.r.); B. Lawrence: S. 27; P. Watson: S. 50-51 (o.); E. Collacott: S. 50-51 (u.); J. Childs: S. 54 (u.l.); M. Ruegner: S. 79 (o.); D. Newham: S. 90 (r.); G. Hellier: S. 114 (o.r.).

CRI LORRAINE

KRAFFT: S. 38 (u.l.).

RAPHO

M. Yamashita: S. 72 (u.r.); P. Witt: S. 78 (r.); X. Desmier: S. 81 (u.), 99 (o.); F. le Diascorn: S. 86 (r.).

NHPA

K. Schafer: Titelseite (o.r.), S. 28 (u.l.), 29, 94 (u.l.); T. Kitchin & V. Hurst: Titelbild (u.l.), S. 13, 75; G. Cambridge: S. 5, 106 (u.l.); D. Heuclin: S. 6-7, 56-57; E. Sanes: S. 8 (u.l.), 32 (u.l.); D. Zupanc: S. 8 (u. Mitte), 30-31; D. Watts: S. 9 (o.l.), 42 (u.l.), 74 (u.r.); H. Paco Jr: S. 9 (u. Mitte), 96-97; M. Harvey: S. 9 (Mitte r.), 105, 110 (u.l.); M. Strange: S. 15 (o.); L. Dalton: S. 20 (u.l.); M. Lane: S. 20 (o.r.), 94 (r.); M. P. O'Neil: S. 20 (u.r.), 55; G. Edwardes: S. 32 (o.r.), 95 (u.); B. Coster: S. 32 (u.r.); S. Dalton: S. 34 (r.), 70 (u.l., r.), 104 (u.l.), 113 (u.); N. A. Callow: S. 42 (u.r.); M. Harvey: S. 44 (u.l.); P. Parks: S. 46 (o.l.); G. Bernard: S. 52 (u.r.); P. Atkinson: S. 54 (o.r.); L. Campbell: S. 60 (o.r.), 74 (u.l.); Y. Lanceau: S. 61 (o.); C. Ratter: S. 60-61 (u.); B. Jones & M. Shimlock: S. 64 (u.r.), 65 (o.), 103 (u.); T. Mac Donald: S. 72 (u.l.), 101 (o., u.); P. Hermansen: S. 82 (u.r.); E. Janes: S. 88-89; A. & S. Toon: S. 92 (u.l.); J. Warwick: S. 92 (o.r.); I. Polunin: S. 112 (u.l.).

BIOS

P. Danna: S. 9 (Mitte l.), 58-59, 108 (o.r.); J. Heras: S. 12 (u.l.); F. Gilson: S. 19, 63, 103 (o.); C. Brandon: S. 21 (o.); B. Cole: S. 21 (u.); J.-M. Labat & F. Rouquette: S. 24 (u.l.); P. Vernay: S. 28 (u.r.); J. Bricout: S. 34 (u.l.); J. Heras: S. 35 (o.); O. Digoit: S. 35 (u.); J.-L. Le Moigne: S. 46-47 (o.); P. Huguet: S. 47 (o.r.); B. Borrel: S. 62 (u.l.); B. Bringard: S. 62 (o.r.), 84-85; A. Maurer: S. 62 (u.r.); T. Lafranchis: S. 71 (o.); M. Gunther: S. 86 (u.l.); C. Ruoso: S. 87; DESCHANDOL & P. Sabine: S. 102 (o.r.); Y. Hubert: S. 102 (u.r.); Y. Lefevre: S. 108 (u.r.); D. Brandelet: S. 109; T. Montford: S. 110 (r.); A. Compost: S. 113 (o.).

COSMOS/SPL

M. Gopal: S. 18 (u.l.).